Rueff

Energietechnik

Skript zur Unterrichtseinheit
(Technik / Physik)

FSC
www.fsc.org
MIX
Papier aus ver-
antwortungsvollen
Quellen
Paper from
responsible sources
FSC® C105338

Energietechnik

Skript zur Unterrichtseinheit

(Technik / Physik)

von Dr. Andreas Rueff

2. Auflage

Books on Demand

Dr.-Ing. Dipl.-Phys. Andreas K. E. Rueff

Physik-Studium in Kaiserslautern, anschließend
wissenschaftlicher Mitarbeiter am Leibniz-
Institut für neue Materialien in Saarbrücken,
Promotion in Saarbrücken, anschließend Zusatz-
qualifikation zum Lehramt für Mathematik und Physik.

Bibliographische Information der Deutschen Nationalbibliothek

Die Deutsche Nationalbibliothek verzeichnet diese Publikation in der Deutschen
Nationalbibliographie; detaillierte bibliographische Daten sind im Internet
über http://dnb.d-nb.de abrufbar.

Herstellung und Verlag: B o D - Books on Demand, Norderstedt
ISBN 978-3-741-290336
12,99 €

2. Auflage, 2016
Internetseite zum Heft: http://mathematik-sek1.jimdo.com

Bildquellen: WIKIMEDIA COMMONS und PIXABAY ©

Vorwort

Die Ausbildung zu fördern und die erworbenen Kenntnisse für den Gebrauch in der Schule und im Alltag griffbereit zu erhalten ist das Ziel dieses Skripts. Die Zusammenstellung orientiert sich an den Inhalten der Unterrichtseinheit **Energietechnik** im Rahmen der Unterrichtsfächer Technik und Physik. Es ist aus zahlreichen Unterrichtsvorbereitungen der vergangenen Jahre hervorgegangen und soll die wichtigsten Inhalte zusammenfassen.

Die vorliegende Zusammenstellung soll nur den notwendigsten Stoff in einer strukturierten Form erfassen und dadurch das Arbeiten erleichtern. Den Gesamtzusammenhang nicht aus den Augen zu verlieren ist die Absicht.

Jedes Lehrbuch lebt von der kritischen Mitarbeit der Leser. Insbesondere in der naturwissenschaftlichen Literatur lässt es sich auch bei sorgfältigster Bearbeitung kaum vermeiden, dass sich Druckfehler einschleichen. Der Verfasser freut sich deshalb über Verbesserungsvorschläge oder Hinweise auf mögliche Fehler.

Als nützliche Gedächtnisstütze zur Unterrichtseinheit zu dienen ist das Ziel.

Kaiserslautern, im Herbst 2016   A. Rueff

Inhalt

Was ist Energie?

Energie beschreibt die Fähigkeit eines Systems, Arbeit zu verrichten.

Man kann Energie weder erzeugen noch vernichten, sondern nur in den verschiedenen Energieformen umwandeln (Energieerhaltung).

Wichtige Energieformen:

Mechanische Energie

Wärmeenergie

Elektrische Energie

Strahlungsenergie

Chemische Energie

Kernenergie

Bildquellen: Pixabay

Die Einheit der Energie: Ws (Wattsekunde) (→ sehr kleine Energiemenge!)
(größere Energiemengen werden in **Kilowattstunden kWh** angegeben)

Bei technischen Prozessen finden viele **Energieumwandlungen** statt.

Primärenergie	**Energiewandler**	**Nutzenergie**
(Kohle, Öl, Sonne, Wind, usw.)	(Brenner, Turbine, Generator, Heizung, usw.) → mechanische Energie → elektrische Energie	→ Wärme (Haus) → Schall (Radio, TV) → Licht → Bewegung (Aufzug, Bohrer) usw.

Wärme

Wärme

Bei Energieumwandlungen wird immer ein Teil in Wärme umgewandelt. Diese Energie geht für die Anwendung „verloren".

Woher kommt unsere Energie?

Energie ist in der Natur in verschiedenen Formen gespeichert oder wird ständig nachgeliefert.

Wir unterscheiden:

1) **Fossile Energieträger**
   → Erdgas
   → Kohle
   → Erdöl

2) **Regenerative Energien**
   → Sonnenenergie
   → Windenergie
   → Wasserkraft
   → Bioenergie

3) **Kernenergie**
   → Kernspaltung
   → Kernfusion

Der weltweite Energieverbrauch pro Jahr:

→ Nord-Amerika: ca. 30 000 Bill. kWh/a

→ Süd-Amerika: ca. 3 500 Bill. kWh/a

→ Europa: ca. 28 000 Bill. kWh/a

→ Afrika: ca. 3 200 Bill. kWh/a

→ Asien: ca. 31 000 Bill. kWh/a

→ Australien: ca. 1 600 Bill. kWh/a

(1 Bill. kWh: 1 000 000 000 000 kWh)

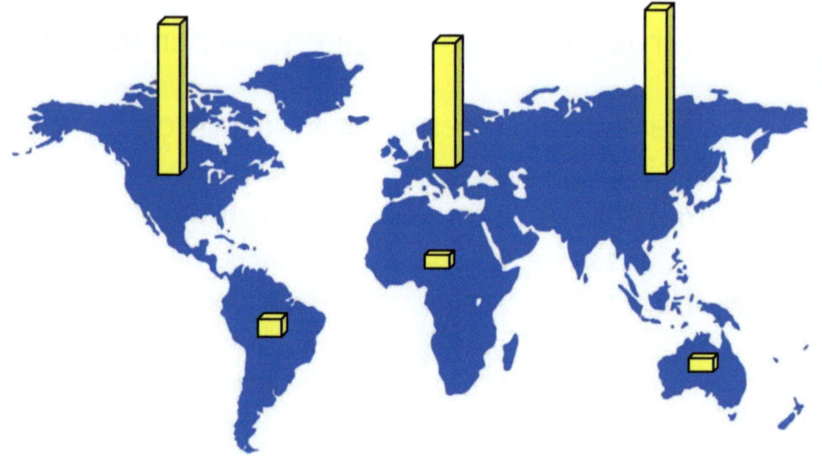

Wichtig ist auch: Der Energieverbrauch „pro Person"!

Dieser ist besonders in Nordamerika und in Australien sehr hoch.

(Vgl.: Europa: ca. 40000 kWh/a | Australien: ca. 66000 kWh/a | N-Am.: ca. 90000 kWh | S-Am.: ca. 700 kWh/a [!])

Energiequellen: Fossile Energieträger

→ Energieträger, die vor Jahrmillionen aus Pflanzen entstanden sind.

1) **Kohle (Braunkohle, Steinkohle)**
2) **Erdöl**
3) **Erdgas**

Entstehung: „Fossiles" (→ lat. ausgraben).

Kohle → Pflanzen mit Wasser, Sand und Schlamm bedeckt → Druck und Wärme → Kohlebildung.

Erdöl → Im Sedimentgestein von Urmeeren aus tierischen (Plankton) und pflanzlichen Substanzen gebildet → Druck und Wärme → Erdölbildung

Erdgas → Fäulnisprozesse aus Biomasse (oft zusammen mit Erdöl oder Kohle)

> **Fossile Brennstoffe sind der wichtigste vom Menschen genutzte Energieträger.**

Vorteile:

→ Fossile Brennstoffe → **Energievorrat** → Zu jeder Tages- und Nachtzeit und wetterunabhängig Energie liefern.

→ Sie können leicht an beliebige Orte **transportiert** werden.

Nachteile:

→ **Fossile Brennstoffe sind begrenzt!** Die Vorräte reichen noch ca. 50-60 Jahre (Öl, Gas) und ca. 150 Jahre (Kohle) bei angenommen gleichbleibendem Energiebedarf.

→ **Umweltbelastung** durch Abgase bei der Verbrennung (z.B. Kohlendioxid CO_2, Kohlenmonoxid CO, Stickoxide NO_x aber auch Feinstaub)

Klimakiller CO_2

Was ist CO_2 ?

Kohlenstoffdioxid (CO_2) ist ein Gas. Es entsteht bei der **Atmung** von Lebewesen und bei der **Verbrennung von kohlenstoffhaltigen Stoffen** (Kohle, Öl, Gas).

Pflanzen können aus CO_2 wiederum Biomasse erzeugen, die der Mensch nutzt.

Das Gas CO_2 bewirkt aber eine **Erwärmung der Erdatmosphäre**.

Trifft Sonnenstrahlung auf die Erdoberfläche heizt sie sich auf, der größte Teil wird dabei in Wärmeenergie umgewandelt. Die **Wärmeenergie** wird aber auch wieder ins Weltall zurückgestrahlt. Wasserdampf und CO_2 in der Atmosphäre nehmen aber einen Teil der Rückstrahlung auf (**Treibhauseffekt**) und bewirken einen Anstieg der Durchschnittstemperatur auf der Erde. Bis 2050 könnte dadurch eine Erderwärmung von bis zu 6 °C bewirkt werden. Dadurch schmelzen Gletscher und es wird die Entstehung von Stürmen und Unwettern begünstigt.

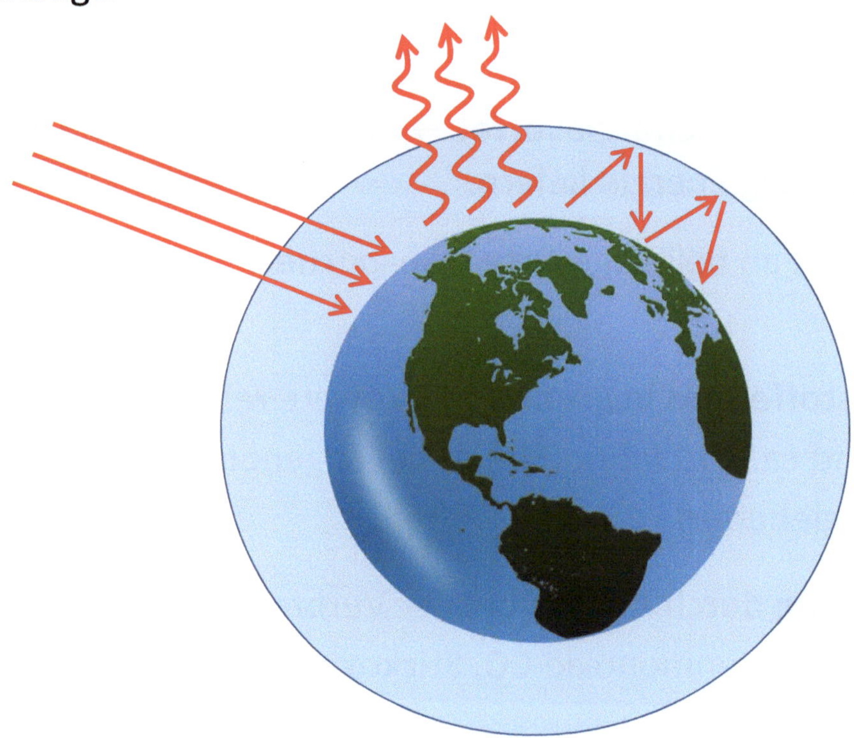

Umweltschäden durch Abgase

Abgase von Wärmekraftwerken enthalten neben den Kohlenstoffdioxid CO_2 noch weitere umweltschädliche Stoffe:

- **Schwefeldioxid SO_2**
- **Stickstoffoxide NO_x**
- **Kohlenstoffmonoxid CO**
- **Große Staubmengen (Feinstaub)**

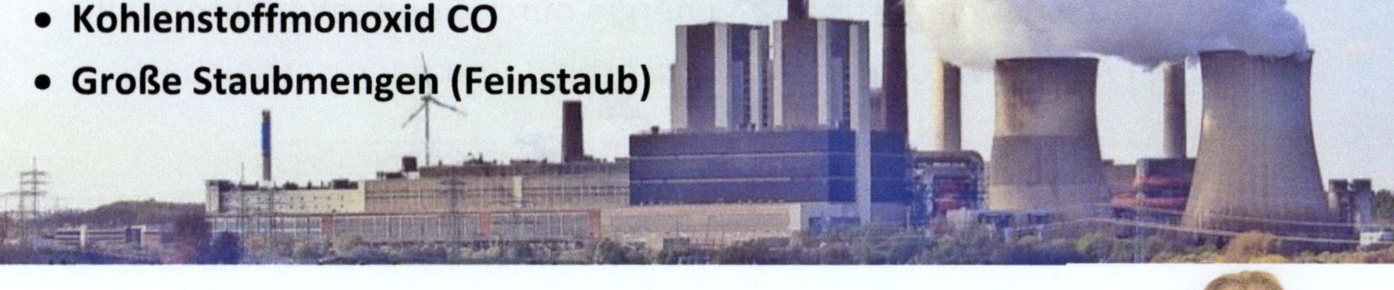

Gesundheitliche Probleme beim Menschen
→ Abgase verringern die Lebenserwartung

→ Abgase bewirken Erkrankungen (u.a. Lunge!)

Schäden an Bauwerken
→ Korrosion (Zersetzung) der
Materialien wird begünstigt
durch den sauren Regen.

Schäden an Pflanzen
(Waldsterben)

→ Zerstörung von Nadeln und Blättern
durch Zersetzung der Wachschicht.

→ Das biologische Gleichgewicht im Boden
wird gestört: Schäden an den Feinwurzeln,
Nährstoffauswaschung im Boden, Störung
der Wasser und Nährstoffaufnahme.

→ Geänderte Witterungseinflüsse: Höhere Temperaturen und Trockenheit
verstärken die Anfälligkeit vieler Pflanzen für Krankheiten.

Energiequellen: Regenerative Energie

→ Energiequellen die durch ihre Nutzung nicht erschöpft werden.

Beispiel - Sonne: Die Nutzung kann direkt oder indirekt die Umwandlung der **Sonnenenergie** in andere Energieformen bedeuten:

Direkte Nutzung (1) *(Sonnenstrahlung → Wärmeenergie)*:

Umwandlung der eingestrahlten Energie durch **Sonnenkollektoren** in **Wärme**. (Wasser wird im Solarmodul erhitzt und dann gespeichert)

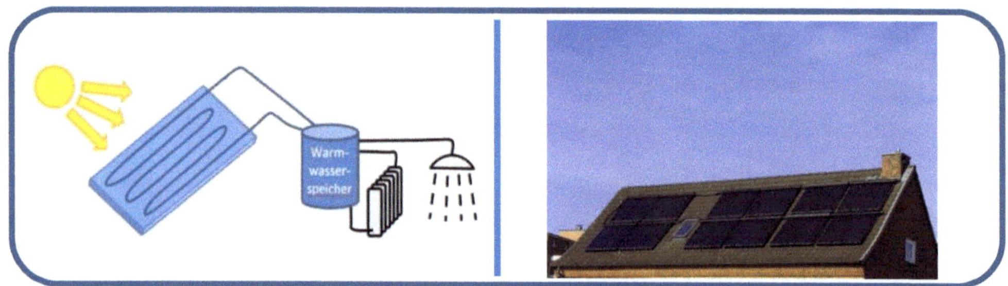

Solarthermie in Gebäuden: Sonnenenergie wird in Wärme umgewandelt und als Wärmeenergie genutzt. Deckung des Bedarfs an **Warmwasser** und für die solare **Heizung**.

→ Einsparung: Bis zu ca. **80% des Energiebedarfs**!!!

→ Für eine Solarheizung wird dabei ein **Wärmespeicher** benötigt. Warmes Wasser für die Heizung steht dann immer bei Bedarf zur Verfügung.

Indirekte Nutzung (1) *(Sonnenstrahlung → Wärme → Elektr. Energie)*:

Solarthermische Kraftwerke: Nutzung der Wärme zum Betrieb von **Wärmekraftmaschinen** für die Erzeugung **elektrischer Energie**.

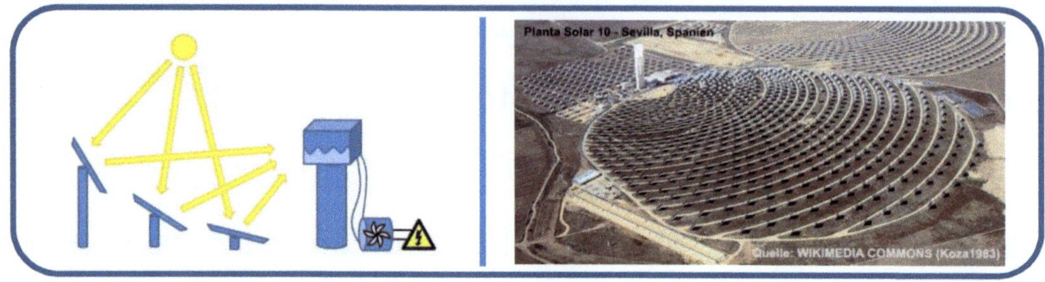

Wärmekraftmaschinen

Maschinen zur **Umwandlung von Wärme in mechanische Energie.**

Problem: beschränkter **Wirkungsgrad**!

→ Die Wärmeenergie wird nie völlig in mechanische Energie umgewandelt. Ein Teil der Energie bleibt immer als **Abwärme** übrig.

Typen von Wärmekraftmaschinen:

- Verbrennungsmotoren
- Dampf- und Gasturbinen

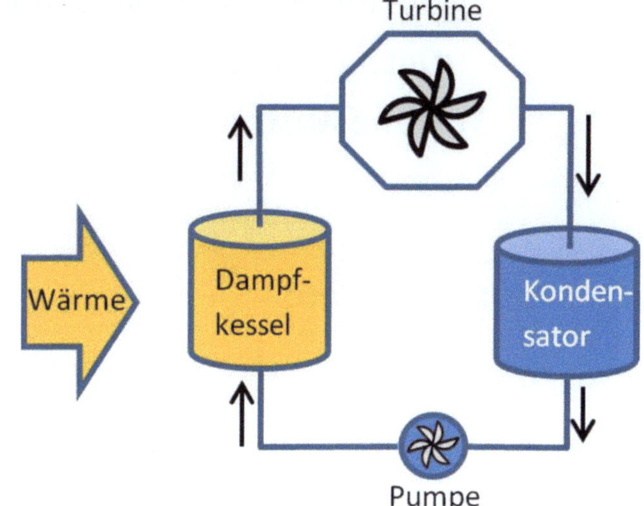

Dampfturbine: Sie arbeitet in einem Kreisprozess → Wasser wird in einem Dampferzeuger durch die zugeführte Wärme verdampft. Der Dampf treibt eine Turbine (mechanische Energie) an. Dabei kühlt der Dampf ab. Der Dampf muss anschließend in einem Kondensator noch weiter abkühlen bis er kondensiert. Dann wird es wieder dem Dampferzeuger zugeführt.

Gasturbine: Ähnlich wie bei den Verbrennungsmotoren wird in einer Verbrennungskammer das Gas-Luftgemisch gezündet. Das heiße Verbrennungsgas treibt dann die Turbine an.

Oft werden **Gasturbinen und Dampfturbinen in Kombination** verwendet Die heißen Abgase der Gasturbine treiben dann noch nachträglich eine Dampfturbine an.

Energiequellen: Regenerative Energie (2)

Beispiel - Sonne:

Direkte Nutzung (2) → Photovoltaik

[Photo → Licht und Volta → ital. Physiker: Alessandro Volta]

→ Direkte Umwandlung von Sonnenlicht in **elektrische Energie**.

→ Anwendung des **Photoeffekts**. Dabei werden elektrische Ladungsträger in einem Festkörper durch Lichteinstrahlung freigesetzt.

Die Photovoltaikanlage:

Probleme:

1) Die elektrische Energie der Solarzellen muss für die Nutzung in unseren Geräten „aufbereitet" werden. → **„Solarwechselrichter"**
2) Die Energie ist **nicht immer verfügbar** (Nacht, Wolken, Schnee). Deshalb muss die Energie gespeichert werden.
3) **Hohe Kosten** (fossile Energieträger sind noch günstiger)

Umsetzungen:

Variante 1:

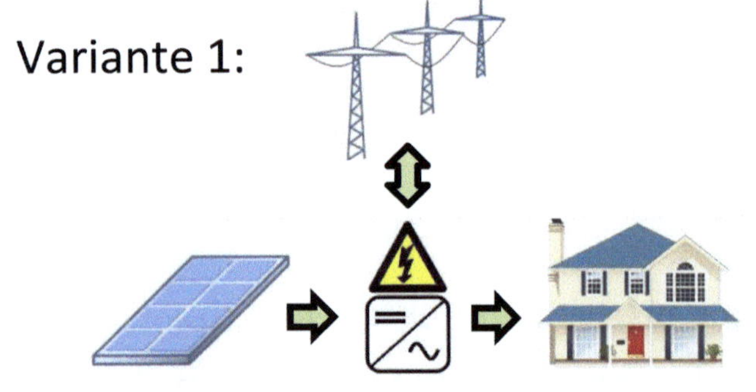

Variante 2:

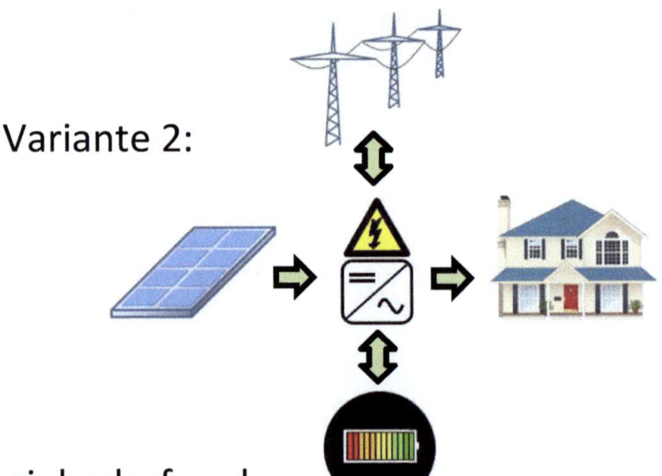

(1) Das Stromnetz ergänzt den Energiebedarf und nimmt ggf. auch überschüssige Energie auf.

(2) Überschüssige Energie wird in einem Batteriespeicher aufgenommen und später genutzt (höherer Eigenverbrauch)

Die Solarzelle (1)

Ausgangsmaterial zur Herstellung von Solarzellen ist Silizium (Si).

Das Material:

Das **Siliziumatom** hat auf der äußeren Elektronenschale vier Elektronen.

Im Verbund hat jedes Si-Atom **vier Bindungspartner**. Alle Elektronen sind gebunden, es gibt keine freien Elektronen.

Jetzt wird ein Siliziumatom durch ein **Phosphoratom** (P) ersetzt. Phosphor hat aber **<u>fünf</u> Außenelektronen**. Dadurch bleibt im Verbund mit den Si-Atomen ein Elektron ohne Bildungspartner „übrig". Man bezeichnet das Material dann als **„n-dotiert"** (n-negativ-dotiert).

Das n-dotoerte Material hat Elektronen verfügbar und ist **elektrisch Leitfähig.** *(Trotzdem ist das Material nicht negativ geladen!)*

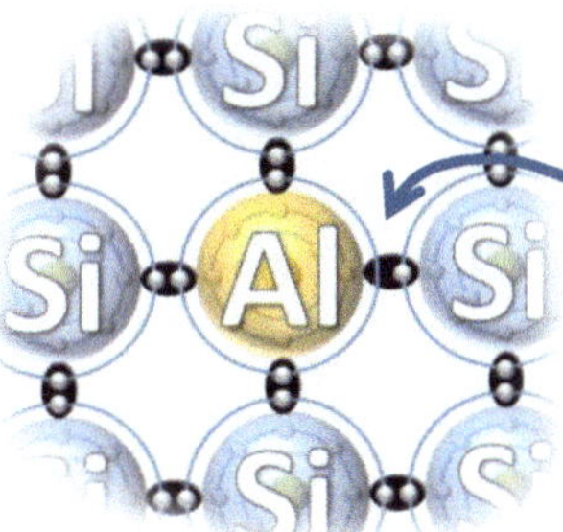

Es kann aber auch ein **Aluminiumatom** (Al) eingebunden werden. Al-Atome haben nur **<u>drei</u> Außenelektronen**. Es ist also ein Elektron zu wenig, es entsteht ein „Loch" im Verbund. Man bezeichnet das Material als **„p-dotiert"** (p-positiv-dotiert).

Das p-dotierte Material ist ebenfalls **elektrisch Leitfähig** weil in das „Loch" Elektronen von benachbarten Si-Atomen springen können. In das entstandene „Loch" springt dann wieder nach Nachbarelekton usw.

Die Solarzelle (2)

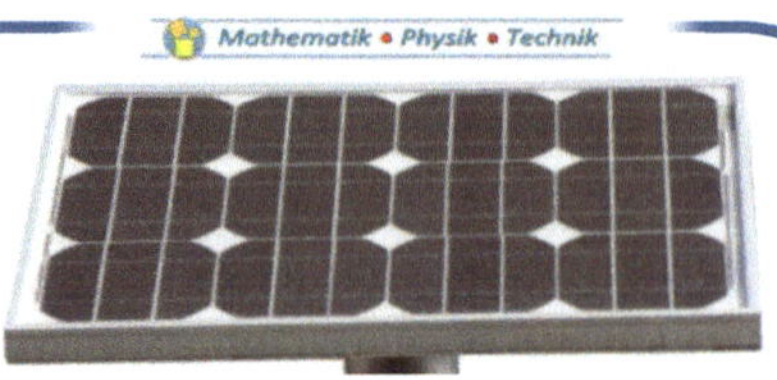

Das p-dotierte und das n-dotierte Silizium werden nun in zwei **Schichten miteinander verbunden.** Dabei verschieben sich Ladungsträger im Bereich der **Grenzschicht**. Ungebundene Elektronen aus dem n-dotierten Bereich wandern in den p-dotierten Bereich. **Elektronen füllen die Löcher** und bilden eine **Raumladungszone**.

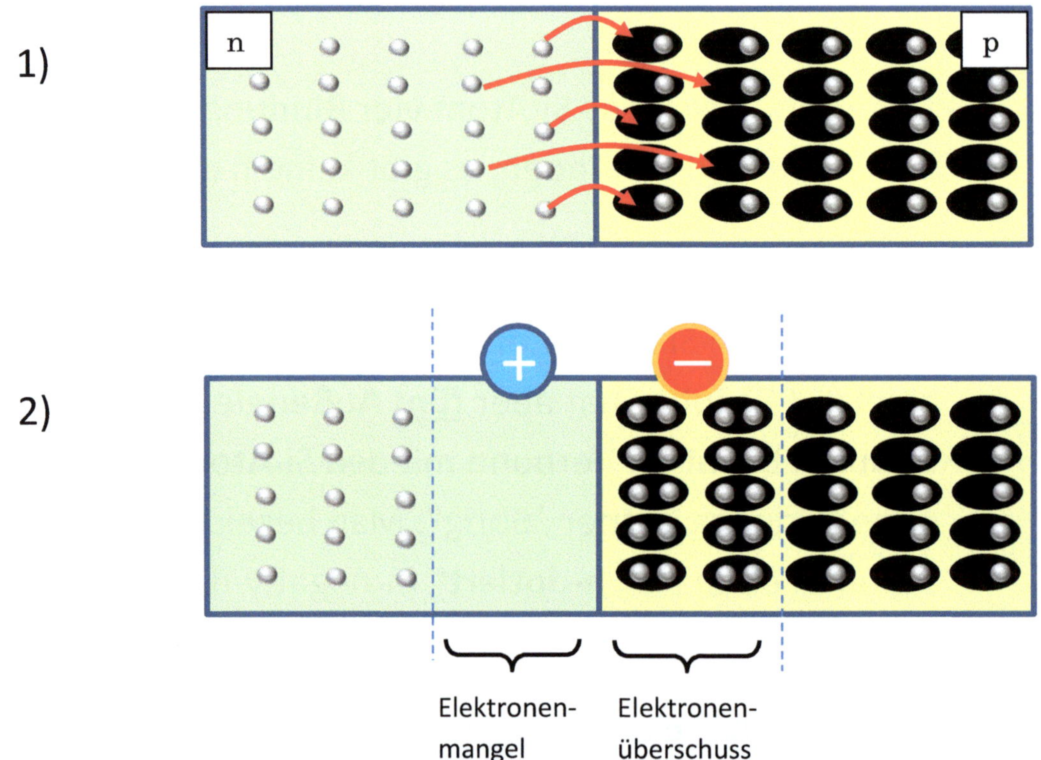

Bestrahlung mit Licht schlägt nun Elektronen aus der p-dotierten Schicht aus der Atomhülle. Diese wandern dann in den n-dotierten Teil der Raumladungszone und füllen den Bereich des Elektronenmangels. Dieser **Elektronenüberschuss im p-Bereich** führt relativ zum n-Bereich zu einer (äußeren) elektrischen **Spannung von ca. 0,5 V**.

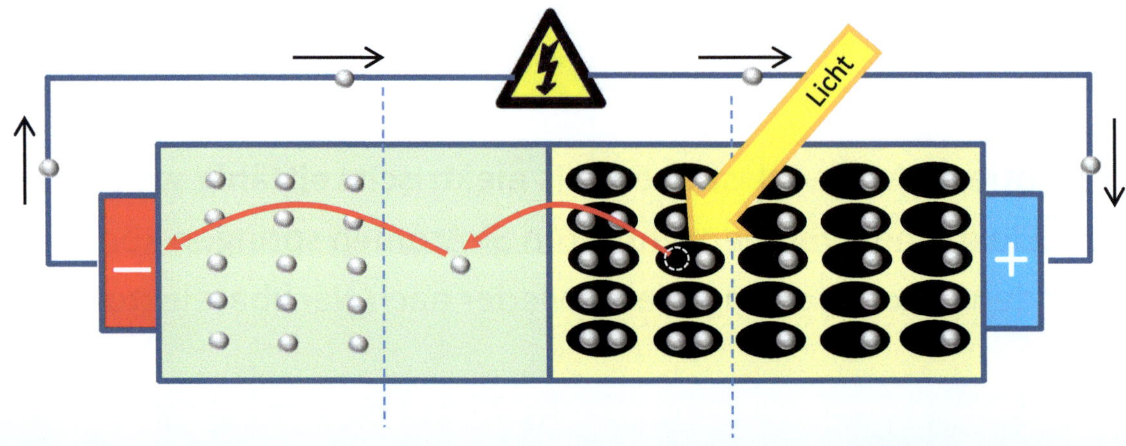

Energiequellen: Regenerative Energie (3)

Beispiel - Windenergie

Früher: - Mahlen von Getreide
- Sägemühle
- Antrieb von Schiffen

Heute: Erzeugung von elektr. Energie

→ Bis 2020 ca. 20% der elektr. Energie könnte in Deutschland durch Windkraft erzeugt werden (Quelle: Agentur f. Erneuerbare Energien).

→ zentrale Rolle in der Energiepolitik

→ Einsatz in allen Klimazonen, auf See und allen Landstandorten (Küste, Binnenland, Gebirge)

→ Keine permanente Verfügbarkeit, d.h. elektrische Energie muss zwischengespeichert werden (Einspeisung ins Stromnetz, Pumpspeicherkraftwerke, usw.).

→ Wirtschaftlichkeit: sehr großes Potential!

→ Flächenbedarf ist gering

Probleme:

→ Lärm und Gefährdung der Gesundheit

→ Entwertung von Grundstücken und Immobilien durch die Nähe zu einer Windkraftanlage

→ Gefährdung von Vögeln und Fledermäusen

→ Bürger beklagen „optische Beeinträchtigungen" durch die Anlagen

Energiequellen: Regenerative Energie (4)

Beispiel – Wasserkraft (1)

Nutzung bereits seit Jahrtausenden!

Früher: - Mahlen von Getreide

- Sägemühle

Anwendung als Schöpfrad:

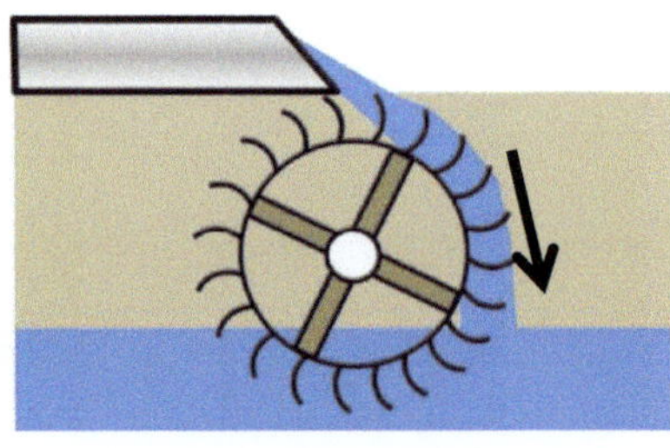

Anfangs wurden Wasserräder auch zum Anheben von Wasser zur Bewässerung in der Landwirtschaft verwendet.

Anwendung zum Antrieb einer Achse (Mahlmühlen):

Bauformen:

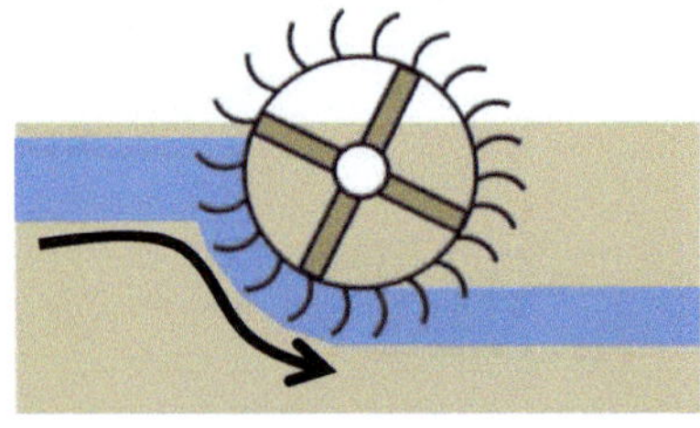

Oberschlächtiges Wasserrad: Das Wasser fließt von oben auf das Rad. Die Lageenergie das Wasser dreht das Rad.

Mittel- / Unterschlächtiges Wasserrad: Das Wasser trifft etwa in mittlerer Höhe auf das Rad. Bewegungsenergie und Lageenergie des Wassers treiben das Rad an.

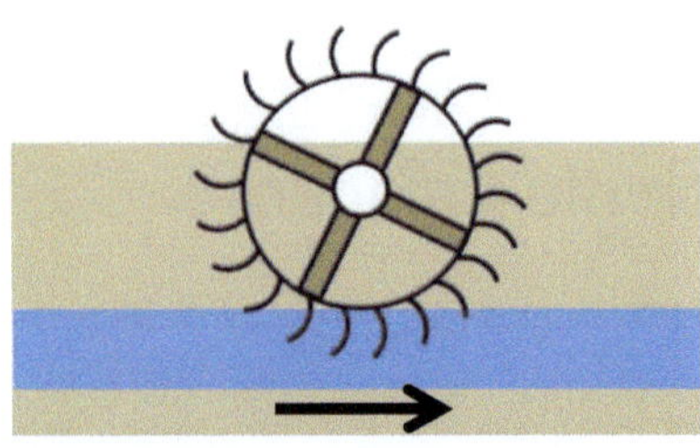

Tiefschlächtiges Wasserrad: Einbau in fließendes Gewässer. Die Bewegungsenergie treibt das Wasserrad an.

Beispiel – Wasserkraft (2)

Heute: Erzeugung von elektr. Energie durch Kombination mit einem Generator.

Anwendung:

- In Flüssen, in Kombination mit Stauseen
- Gezeitenkraftwerk zur Nutzung von Ebbe und Flut
- Nutzung von Meeresströmungen (z.B. Golfstrom)

Vorteile:

→ geringe Kosten

→ Permanente Verfügbarkeit!

→ zentrale Rolle in der Energiepolitik

→ Nutzung in Verbindung mit Speicherseen (gleichzeitig Trinkwasserspeicher)

Probleme:

→ Nutzung der Wasserkraft stößt allmählich an Grenzen.

→ Regional schwankendes Potential (ortsabhängige Niederschlagsmengen, geographische Verhältnisse)

→ Teilweise erhebliche Eingriffe in die Natur (Barriere für Fischwanderungen, Einfluss auf Grundwasserspiegel durch Anstauung)

Energiequellen: Regenerative Energie

Beispiel – Biomasse

Bildquelle: Pixabay

→ Erzeugung von Elektrizität, Wärme und Kraftstoffen

Sonnenenergie wird als **Bioenergie** gespeichert in:

- Energiepflanzen (Raps, Mais, Schilfgras, usw.)
- Holz
- Stroh
- Biomüll
- Gülle

Umwandlung von Biomasse in nutzbare Formen wie:

- *Biogas:* Brennbares Gas - wird in Biogasanlagen hergestellt. Entsteht durch Vergärung von Abfällen und nachwachsenden Rohstoffen.
- *Holz:* Erzeugung von Wärme und Elektrizität. Effiziente Verbrennungsprozesse erhöhen heute den Wirkungsgrad.
- *Biokraftstoffe:* Einsatz in Verbrennungsmotoren (Auto, Schiffe, Flugzeuge) → Biodiesel, Pflanzenöl, Bioethanol

Bioenergie gibt der **Landwirtschaft** eine neue und wichtige Rolle.

Energieträger: Wasserstoff

Wasserstoff ist ein Gas.

Früher:

→ Entdeckung durch Henry Cavendish 1766
→ Anwendung als Füllgas für Zeppeline
→ Seit den 1960er-Jahren Treibstoff in der
Raumfahrt

Heute: Seit 1980er Jahren Arbeiten an der Idee der
„Wasserstoffwirtschaft" als Energieträger der Zukunft.

Prinzip: Wasserstoff wird durch technische Verfahren gewonnen
(Elektrolyse) und **speichert Energie**. Diese Energie kann dann zu einem
beliebigen Zeitpunkt wieder in andere Energieformen umgewandelt
werden. Dabei entstehen **keine Abgase** (CO_2), als Endprodukt entsteht
dabei nur Wasser.

Aufbau:

Wasserstoff kommt in der Natur nur in **gebundener Form** als Wasser
oder Methan vor.

Ein **Wasserstoffmolekül (H_2)** besteht aus zwei
Wasserstoffatomen und diese wiederum jeweils aus einem
Proton (Atomkern) und einem Elektron.

Ein **Wassermolekül (H_2O)** besteht aus zwei
Wasserstoffatomen (H) und einem Sauerstoffatom (O).

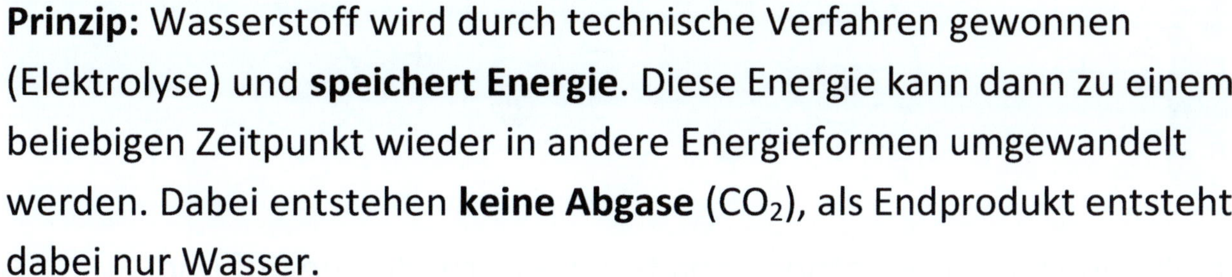

Sauerstoff kommt ebenfalls in Form eines Moleküls mit zwei
Sauerstoffatomen (O_2) vor.

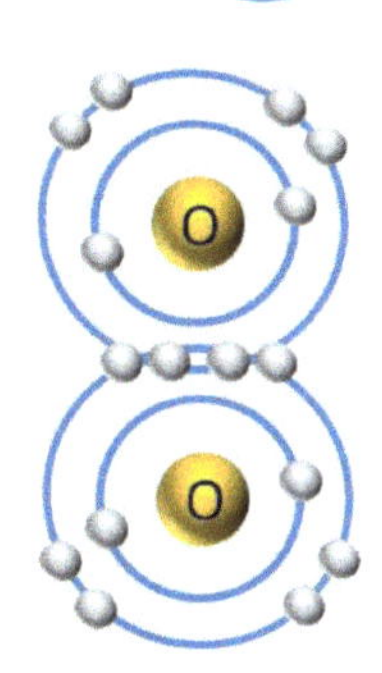

Achtung: Trifft Wasserstoff auf Sauerstoff kann eine explosive
Mischung entstehen!!

Herstellung von Wasserstoffgas: Elektrolyse

Wasser (H_2O) besteht aus zwei Wasserstoff- und einem Sauerstoffatom (O).

Prinzip (Wasserelektrolyse):

Kathode: $2H_2O + 2e^- \rightarrow H_2 + 2OH^-$

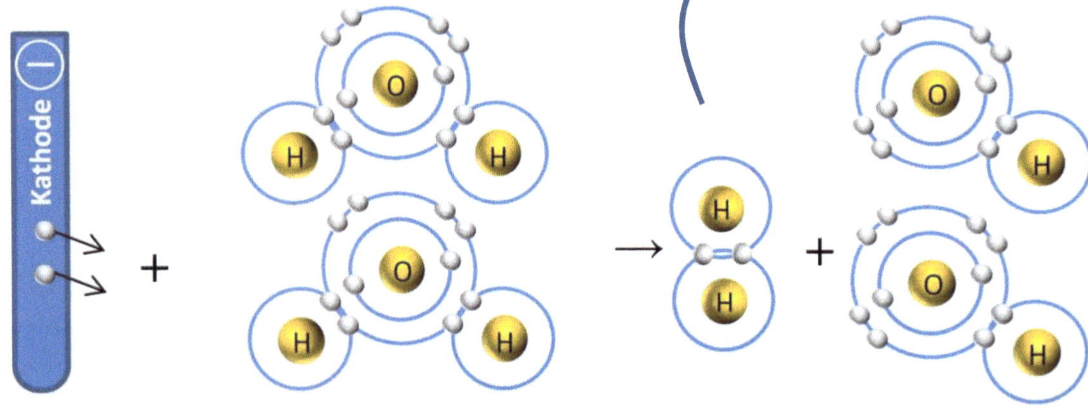

Elektronen von der Kathode spalten Wassermoleküle auf und bilden Wasserstoffgas (H_2). Dabei entstehen auch negativ geladene OH^--Ionen.

Anode: $4OH^- \rightarrow O_2 + 2H_2O + 4e^-$

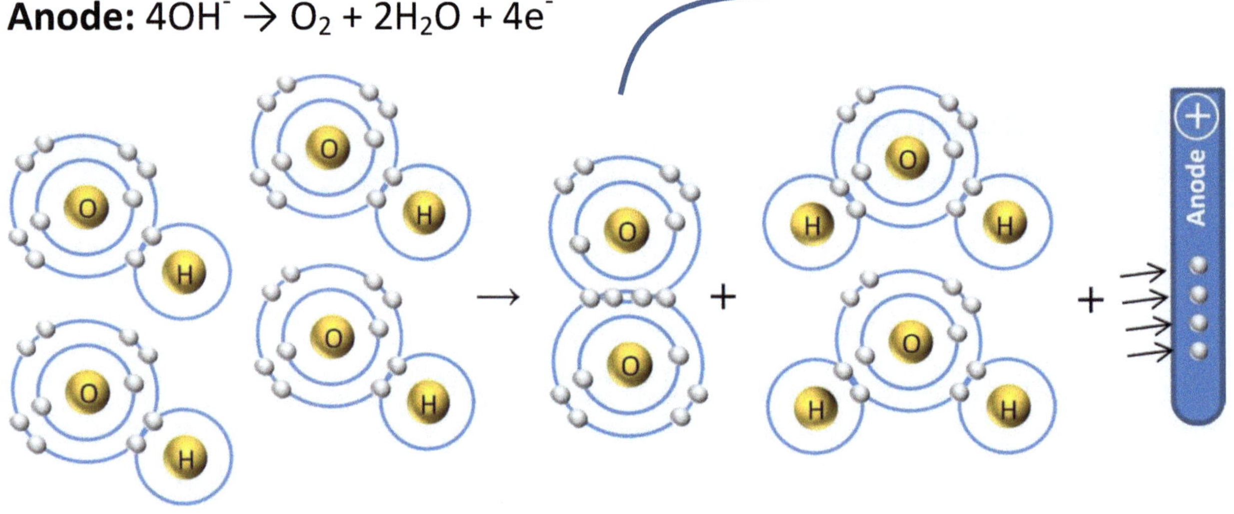

An der Anode geben die OH^--Ionen überschüssige Elektronen ab, dabei bilden sich Sauerstoffmoleküle (O_2). Übrig bleiben dabei wieder Wassermoleküle (H_2O).

Die beiden Gase H_2 und O_2 können aufgefangen und gelagert werden.

Die Brennstoffzelle

Die **Freisetzung der gespeicherten Energie** im Wasserstoffgas erfolgt bei der Reaktion mit Sauerstoff sehr (zu) schnell für eine einfache Verbrennung in einem Verbrennungsmotor. → **Explosionsgefahr!**

Unter Verwendung einer Brennstoffzelle kann die **kontrollierte Abgabe der gespeicherten Energie** erfolgreich umgesetzt werden.

Brennstoffzellen geben dabei **elektrische Energie** ab.

Aufbau: Die Zelle besteht aus zwei gasdurchlässigen Elektroden und dazwischen einer ionenleitenden Elektrolytschicht.

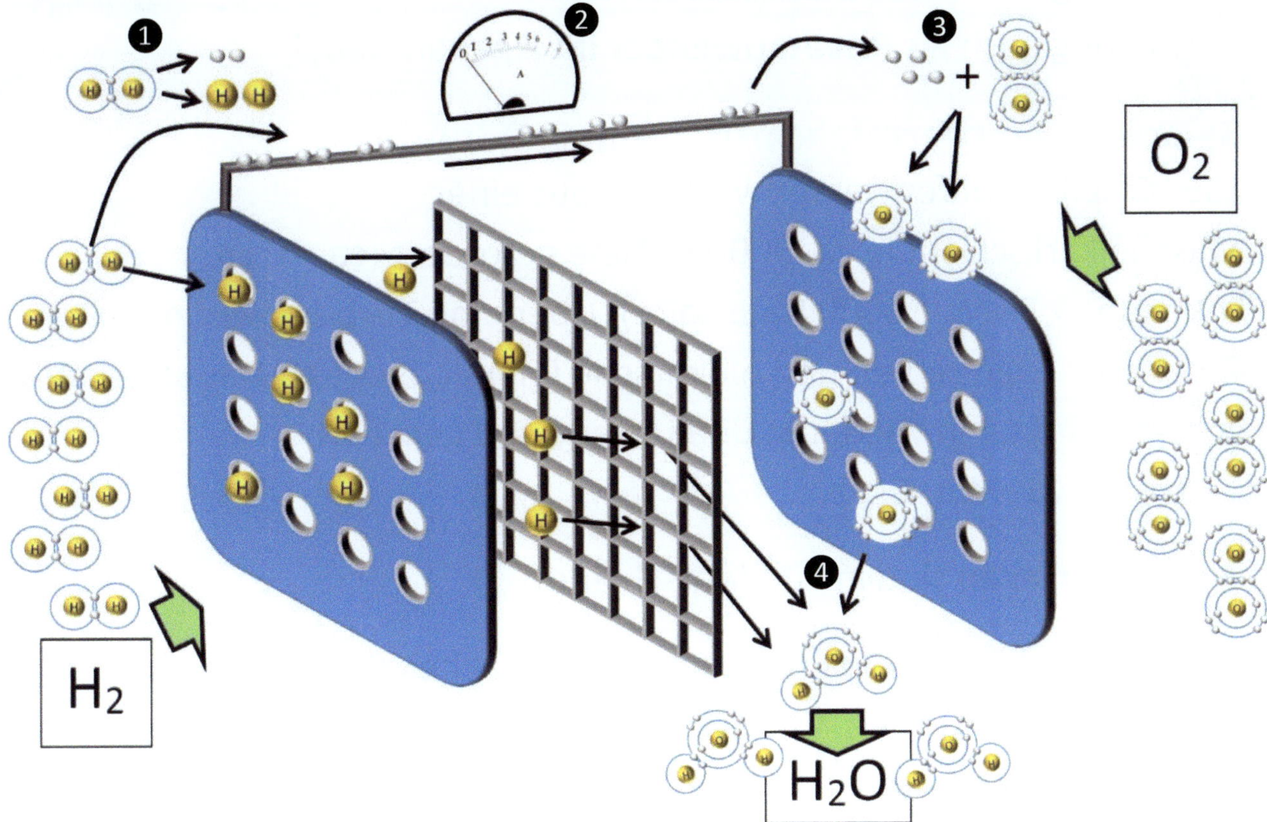

Funktionsweise: ❶ An der linken Elektrode (Anode) wird Wasserstoffgas (H_2) aufgespalten in Elektronen und Wasserstoffkerne (H^+). ❷ Die Elektronen gelangen über einen äußeren Stromkreis auf die rechte Seite (Kathode) und geben dabei Energie ab. ❸ Auf der rechten Seite wird Sauerstoffgas (O_2) mit den Elektronen in geladene Sauerstoffatome (O^{2-}- Ionen) aufgespalten. ❹ Die O^{2-}-Ionen verbinden sich dann mit den Wasserstoffkernen zu Wasser.

Energiequelle: Erdwärme

Die Wärme im Inneren der Erde kann dem Menschen als Energiequelle dienen.

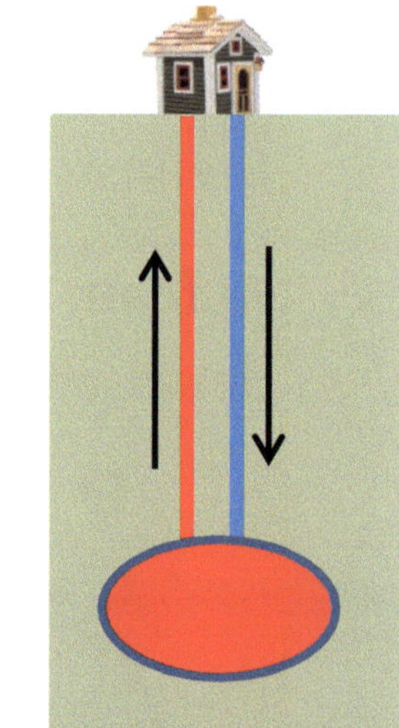

Prinzip der Energiegewinnung:

Heißes Wasser aus tiefem Untergrund (ca. 40°C bis über 100 °C) wird an die Oberfläche transportiert und zum Heizen oder zur Stromerzeugung genutzt. Anschließend wird es über eine zweite Bohrung wieder zurücktransportiert.

→ Nutzung durch **Geothermiekraftwerke**
→ Nutzung auch als **Privatanwender** im eigenen Haus!

Beispiel: Geothermiekraftwerk in Landau

159 °C heißes Tiefenwasser wird dort aus einer Muschelkarkschicht in ca. 3000 m Tiefe gefördert (ca. 70 Liter pro Sekunde → 3MW – 6000 Haushalte). Über eine Turbine wird dann ein Generator angetrieben und elektirsche Energie erzeugt. Das abgekühlte Wasser wird dann wieder in den Untergrund gepresst.
→ Kosten 21. Mio. €

Weitere Anlagen sind in Süddeutschland.

Theoretisch könnte die Erdwärme ein Viefaches des bundesweiten Energiebedarfs decken. Praktisch ist die Umsetzung aber oft kompliziert und teuer.

Vorteile:
→ Keine Brennstoffkosten
→ unabhängig von Jahres- und Tageszeiten
→ unabhängig von äußeren Einflüssen (Wind, Sonne)

Probleme: 2009 seismische Aktivitäten (Risse in Häusern)! Die entzogene Wärme in tiefen Schichten kann scheinbar Bewegungen in Erdschichten bewirken. Die Zukunft des Werks ist noch ungewiss.

Energietransport und Energiespeicher

Energie wird meistens nicht dort und zum gleichen Zeitpunkt benötigt wo sie als nutzbare Form aufgenommen wird. Der Transport von Energie ist deshalb eine wichtige Komponente im Bereich der Energieversorgung.

Verteilung der Energie:

→ Elektrische Energie lässt sich sehr leicht in andere Energieformen umwandeln und in elektrischen Leitungen weiterleiten. Problem: Leitungsverluste ca. 5%

→ Durch die Verteilung der Energie lassen sich Energiebereitstellung und Energiebedarf an verschiedenen Standorten ausgleichen.

→ Wärmeenergie: Fernwärme-/Nahwärmenetz – Heißes Wasser (ca. 130 °C) wird in wärmegedämmtem Rohrsystemen transportiert.

Energiespeicherung

→ Kohle, Öl und Gas speichern chemische Energie. Diese Energie lässt sich leicht und gefahrlos transportieren (Kohle: Bahntransporte, Öl: Pipeline, Tanker, Gas: Pipeline, Gasflaschen) und ist zeitunabhängig verfügbar. Problem: begrenzte Rohstoffe, Umweltbelastungen: Unfallgefahr bei Öl-Transporten, Lecks bei Gastransport: Freisetzung von klimaschädlichem Methan, Tagebau von Braunkohle zerstört ganze Landschaften!

→ Elektrische Energie wird auch von Batterien und Akkumulatoren (Akkus, wiederaufladbar) bereitgestellt. (Entwicklung leistungsfähiger Akkumulatoren!!)

→ Energiespeicher Wasserstoffgas ⇨ siehe Elektrolyse/Brennstoffzelle

→ Energie kann auch als Lageenergie in Stauseen gespeichert werden. Die Energie wird bei Bedarf durch Turbinen und Generatoren freigesetzt (Pumpspeicherkraftwerk).

Wofür wird die Energie gebraucht?

Wenn man den Energiebedarf analysiert, dann kann man effektiv Energie sparen. In Deutschland teilt sich der Energiebedarf hauptsächlich in vier große Bereiche:

1) Industrie (ca. 30%)
2) Verkehr (ca. 30%)
3) Haushalte (ca. 25%)
4) Gewerbe/Handel/Dienst-
   leistungen (ca. 15%)

(Quelle: AG Energiebilanzen 07/2016)

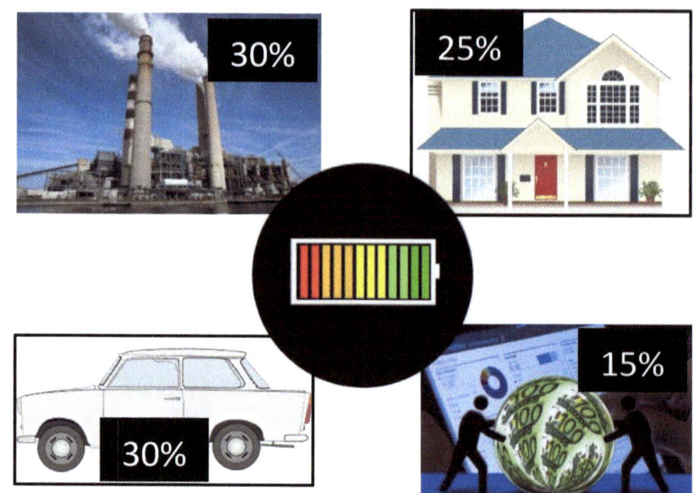

Hierbei ist der Bereich im **Haushalt** für uns natürlich besonders wichtig!

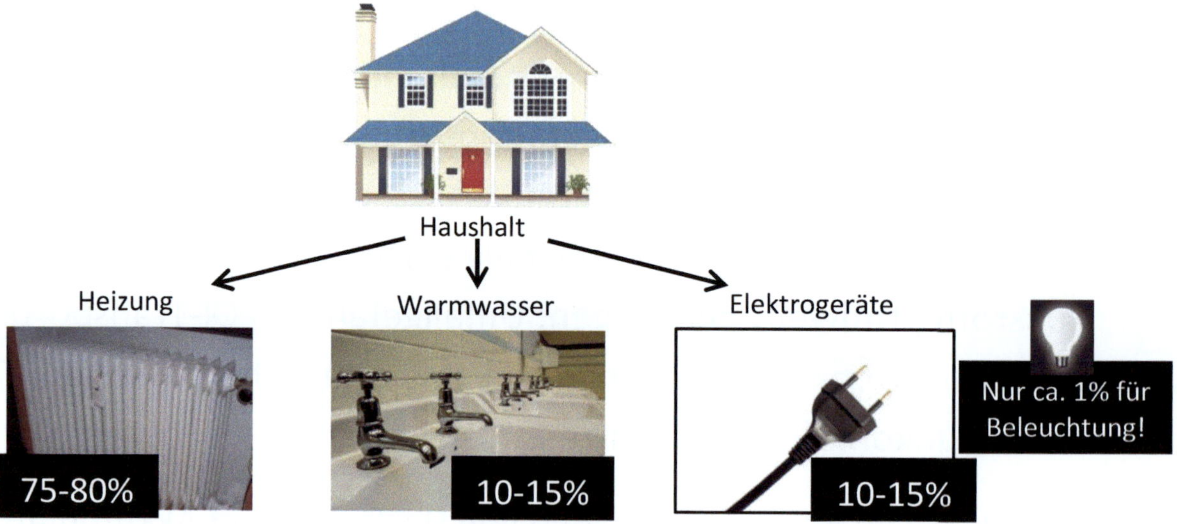

Der durchschnittliche Energiebedarf eines Deutschen im Jahr entspricht einer Menge von fast **6 t Steinkohle**. Der größte Teil unseres Energiebedarfs und somit auch der anfallenden Kosten entfällt auf die **Heizung** (ca. 75 – 80 %). Der Rest wird benötigt für **Warmwasser** (ca. 10 - 15%) und **Elektrogeräte** (ca. 10 – 15%).

Energieversorgungsunternehmen geben ihren Kunden oft Vergleichswerte für ihren Haushalt. Damit kann man selbst einschätzen wie umweltfreundlich man ist.

Energie sparen (1) - Bestandsaufnahme

Während sich die Weltbevölkerung in den letzten 100 Jahren **vervierfacht** hat, stieg der Energieverbrauch auf das **Dreißigfache** an!

Wir müssen versuchen Energie liefernde Ressourcen (franz. „Quelle") zu schonen und den Energiebedarf zu senken.

1) **Weniger** Ressourcen einsetzen.
2) Die verwendeten Ressourcen **effizienter** nutzen!

> *Beispiel Dampfmaschine/Motor: Die ersten **Dampfmaschinen** setzen nur ca. 1% der benötigten Energie nutzbar für die benötigte Arbeit um (später bis zu 15% – deshalb als unwirtschaftlich abgeschafft). **Moderne Ottomotoren** erreichen heute ca. 40% (Diesel ca. 43%)*

Bei technischen Anlagen wird das durch den **Wirkungsgrad η** (eta) beschreiben. **Der Wirkungsgrad ist das Verhältnis von Nutzenergie (abgegebener Energie) E_{ab} zur zugeführten Energie E_{zu}:**

Wirkungsgrad:
$$\eta = \frac{E_{ab}}{E_{zu}}$$

Wirkungsgrade moderner Kraftwerke:

- Wärmekraftwerk (Kohle):   ca.25 – 50%
- Erdgas-Kraftwerk: ca. 50-60%
- Wasserkraftwerk: ca. 80-90%
- Windkraftanlage: ca. 50%
- Solarzellen: ca. 25 %
- Kernkraftwerk: ca. 35%

Weiterhin wird viel Energie in den Bereichen Verkehr und in den Haushalten (ca. 30%) **unnötig eingesetzt** und könnte ohne Einbußen der Lebensqualität eingespart werden. Durch den **Energiepass bei Gebäuden** oder **Energieprofile** (elektrische Energie) können Ansätze für einen energiebewussten Umgang mit Energiequellen gefunden werden.

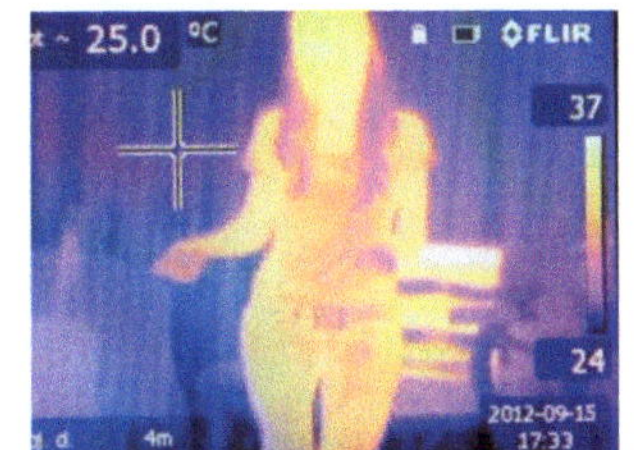

Wärmebild: Analyse von Wärmeverlusten (Häuser)

Energie sparen (2) - Was kann ich selbst tun?

Im Haushalt:

Der Bedarf an **Heizenergie** macht den größten Anteil **im Haushalt** aus. Maßnahmen zur Senkung des Energiebedarfs sind leider oft zunächst mit Kosten verbunden und „rechnen sich" erst über längere Zeiträume betrachtet.

1) **Wärmeverluste** durch alte **Fenster**.

   Früher: Einfachverglasung,
   Heute: Doppelt oder Dreifachverglasung

2) **Sonnenkollektoren** nutzen die Wärmeenergie der Sonne → **Heizkosten / Warmwasser**

3) Solarzellen wandeln Sonnenenergie in **elektrische Energie** um.

Im Alltag:

Verwende **öffentliche Verkehrsmittel** statt Auto (bilde Fahrgemein-schaften), verwende ein neueres **Kühlschrankmodell** (hohe Energieeinsparung), kaufe **regionale Produkte** (geringe Transportwege schonen Ressourcen), kaufe „verpackungssparend" ein, Verzichte auf **Flugreisen** (Ein startendes Flugzeug erzeugt so viele Abgase wie 2000 PKSs, Urlaub in Deutschland ist auch schön!), Vermeide den **„Stand-by-Betrieb"** von elektrischen Geräten.

Energie aus Atomkernen:

→ siehe Themenseite Kernenergie